中国公路水路交通运输发展报告

（1978—2012）

中 华 人 民 共 和 国
交通运输部新闻办公室

前　言

交通运输是国民经济和社会发展的基础性、先导性和服务性行业，是国家发展的基础能力。随着经济社会的不断发展，国家对交通运输的要求越来越高，社会公众也日益关注交通运输发展。

经过三十多年的深化改革和创新发展，中国已经建立起一个较为完善的公路水路运输系统。到2012年底，中国公路总里程达424万公里，高速公路里程达9.6万公里；沿海和内河港口生产泊位31862个，港口码头吞吐能力居世界首位；内河航道通航里程12.5万公里；全社会完成的公路客、货运量和周转量、水路货运量和周转量均位居世界第一；民用汽车保有量已超过1亿辆，汽车年产销量已是世界第一，小汽车逐渐进入家庭。今天，交通运输已成为中国向世界展示国家综合实力的一张名片。

公路水路交通运输事业的快速发展，推进了工业化和城镇化进程，缩小了城乡和区域发展差距，优化了产业结构和布局，促进了对外贸易和国际交流，改善了人民群众生产和生活条件，巩固了国防和边防，为国家经济发展和社会进步提供了强有力的保障。

当前，中国公路水路交通运输已经跨入新的发展阶段，肩负着保障全面建成小康社会、加快实现国家现代化、建设美丽中国的新使命。站在新的起点上，有必要回顾历史，总结经验，向社会公众全面展示交通运输与国家发展、社会进步的紧密关系，加强行业与公众沟通，让更多的人了解、关心和支持交通运输发展，推动未来公路水路交通运输更好更快地发展。

目　录

一、交通运输发展现状

（一）发展历程

解放思想，放开搞活，探索发展。 为改变中国公路、水路交通基础设施长期落后、运输能力全面紧张的状况，扭转交通运输制约国民经济和社会发展的被动局面，党的十一届三中全会以后，交通运输行业在放开搞活交通运输市场、提高政府投资能力、建立社会化筹融资机制等方面，做了一系列开创性探索。1979 年，率先创办了蛇口工业区，成为国家对外开放的重要“窗口”；1983 年提出“有河大家走船、有路大家走车”；1984 年起，国家陆续开征了车辆购置附加费、港口建设费和公路客货运附加费，提高了养路费征收标准，并出台了收费公路政策，鼓励和吸引社会资金参与交通基础设施建设，形成“国家投资、地方筹资、社会融资、利用外资”的多元化交通投融资格局；1985 年提出“各部门、各行业、各地区一起干，国营、集体、个人以及各种运输工具一起上”，使公路水路交通运输业突破所有制的束缚，开创了全社会办交通的局面。

深化改革,抓住机遇,加快发展。1992 年邓小平南巡讲话掀起了新一轮思想解放运动,党的十四大做出了建立社会主义市场经济体制改革的决定,交通运输行业进一步深化改革,加大对外开放力度,积极培育和规范交通运输和建设市场,发展步伐明显加快。1993 年召开了全国公路建设工作会议,提出了加快公路建设步伐的目标和任务;1995 年召开了全国内河航运建设会议,设立了内河航运建设基金;1998 年抓住国家应对东南亚金融危机实施积极财政政策的历史机遇,全面推进公路网、航道网、港口群建设,交通基础设施落后面貌明显改善。深化交通行政管理体制改革,进一步完善交通运输领域基本经济制度,积极探索市场经济条件下交通行业管理部门职能定位,行业管理提高到了一个新水平。经过十年的发展,交通运输对国民经济的瓶颈制约状况得到了明显缓解。

融入世界,关注民生,科学发展。2002 年党的十六大以来,中国公路水路交通运输围绕全面建设小康社会的战略部署,积极探索实践交通科学发展之路。这一期间,顺应中国加入 WTO 形势变化,加快了高等级公路、高等级航道和规模化港口建设,促进了经济持续快速增长和贸易繁荣。以科学发展观为指导,转变发展理念,更加重视交通建设、养护和管理的协调发展,努力促进交通运输由传统产业向现代服务业转型,推进资源节约、环境友好型交通运输行业建设。按照建设服务型政府的要求,强化公共服务职能,更加关注民生发展,加强了农村公路、内河航运、安全应急救助体系建设,提高了公共服务水平。

(二)发展成就

公路基础设施发展突飞猛进。经过三十多年的发展,到2012年底,中国已拥有424万公里的公路网。高速公路从无到有,用二十多年时间建成了9.6万公里,覆盖了全国90%以上的中等城市。国省干线公路网络不断完善,基本实现对全国县级及以上行政区的连接和覆盖,公路技术等级不断提高,72.1%达到二级及以上标准;农村公路建设成为社会主义新农村建设的重要基础,总里程达到368万公里,通达99.97%的乡镇和99.55%的建制村,97.4%乡镇和86.5%建制村的农民兄弟走上了沥青(水泥)路。公路桥梁隧道建设达到国际先进水平,陆续建成了江阴、润扬、苏通长江大桥和杭州湾跨海大桥、舟山连岛工程、秦岭终南山公路隧道等一批建设条件复杂、技术难度大、科技含量高的世界级公路桥梁、隧道,创造了多项世界之最。

港航基础设施建设成效显著。初步建成布局合理、层次分明、功能齐全、河海兼顾、优势互补、配套设施完善、现代化程度较高的港口体系,大型化、深水化、专业化水运基础设施建设取得显著成就。到2012年底,沿海和内河港口生产性泊位达到3.2万个，是1978年的43倍，其中万吨级以上深水泊位1886个，是1978年的14倍;5万吨级以上泊位从无到有，达到819个，煤炭、原油、铁矿石、集装箱等专业化泊位达到997个。长江口深水航道治理工程成功实施，长江干线航道治理取得重大进展，初步建成以“两横一纵两网十八线”高等级航道为主体的干支直达、通江达海的内河航道体系。到2012年底，全国内河航道通航里程达到12.5万公里，其中51%为等级航道，位居世界第一，三级以上航道里程达9894公里。

道路运输能力大幅度增长。到2012年底，全国民用汽车发展到12089万辆，是1978年的89倍，其中公路客、货营运车辆分别达到86.7万辆和1253.1万辆，中高档客车比例已超过营运客车总量的63%。运输装备的现代化水平迅速提高，运力向大型化、专业化方向发展。运输组织化水平不断提升，多式联运、甩挂运输、集装箱运输、冷链运输、大件运输、零担快运以及城市配送、农村物流市场蓬勃发展。2012年公路运输行业完成的客运量、旅客周转量、货运量、货物周转量达到356亿人次、18468亿人公里、319亿吨和59535亿吨公里，分别是1978年的24倍、35倍、21倍和170倍。

水路运输能力长足发展。2012年全国港口完成货物吞吐量107.8亿吨，其中外贸货物吞吐量为30.6亿吨,分别是1978年的38倍、51倍,港口吞吐量连续多年保持世界第一,吞吐量超过亿吨的港口已达29个,8个港口进入世界前十大港口行列,上海港是世界最大的集装箱港口。在世界海运快速发展、全球部分港口能力紧张的状况下,中国主要港口始终提供了高效、便捷、畅通的服务。长江干线、京杭运河已成为世界上运输规模最大、最繁忙的河流和运河。中国海运船队总规模近1.2亿载重吨,居世界第四位。大型骨干航运企业规模化、专业化、集约化水平不断提高,运输船舶标准化、大型化不断发展,全面淘汰了帆船、挂浆机船和水泥质船,2012年全国水上运输船舶达17.9万艘,净载重量2.28亿吨,平均吨位是1978年的7.9倍,运力结构不断优化。全年水路完成货运量45.9亿吨,货运周转量81708亿吨公里,分别为1978年的9.7倍、21.5倍。

安全应急能力显著增强。目前,甚高频通信系统(VHF)和船舶自动识别系统(AIS)已经覆盖国家近岸海域和长江干线,船舶交通管理系统(VTS)覆盖全国主要港口及重要航道,全国拥有海事救助船舶1200余艘,飞机14架,溢油应急设备库12座,船舶和飞行基地布局基本形成,初步构建了覆盖广泛、反应迅速、救助高效的水上安全和应急系统。公路安保工程深入实施,全国重点营运车辆联网联控系统、交通运输通信监控系统、交通环境与设备监控系统基本建成,实现了“两客一危”(从事旅游的包车、三类以上班线客车和运输危险化学品、烟花爆竹、民用爆炸物品的道路专用车辆)车辆跨区域、跨部门信息共享,初步形成了跨区域运输保障及运力储备,公路网运行监测与应急处置体系建设取得较大进展。

二、深化改革，创新发展

（一）实现重点领域突破性体制改革

完善交通运输领域市场经济基本制度。1998年原交通部和直属企业全面脱钩，推动国有交通运输大型骨干企业建立现代企业制度，完成了交通国有企业改革，地方各级交通运输主管部门也陆续推进改革。政府出台了一系列放开市场、加强市场监管的制度文件。交通建设、养护推行市场化管理，建立了招投标制度。运输市场彻底放开，基本形成了全国统一、开放、公平竞争的道路和水路运输市场。不断理顺政府和市场的关系，强化交通领域政府的公共服务和市场监管职能，更好发挥市场在运输资源配置中的基础性作用。

实施水运管理体制改革。在1984年港口管理体制改革的基础上，2001年中国政府启动新一轮港口管理体制改革，将由中央直接管理的港口和双重领导港口全部交由地方管理，港口行政管理和生产经营实现政企分开。深化了内河航运管理体制改革，长江港航公安实行统一管理,黑龙江航运管理实行政企分开,整体下放。改革了船舶检验管理体制,将国家船检局与中国船级社分开,理顺了中央与地方船检关系。改革了水上安全监管体制,成立交通运输部直属海事局,界定了中央与地方有关水域的管理分工,实行“一水一监、一港一监”。

推进农村公路管理养护体制改革。2005 年国务院颁布了《关于印发农村公路管理养护体制改革方案的通知》(国办发[2005]49 号),随后各省市相继出台了具体实施意见,明确了农村公路养护管理的主体与责任,建立了政府投入为主的农村公路养护资金渠道和以县为主的农村公路养护管理体制,农村公路养护管理工作得到逐步加强。2012 年全国农村公路列养里程已经占农村公路总里程的 96.85%,其中 20 个省市实现“有路必养”的目标。

深化交通财税体制改革。按照国家财税体制改革的总体要求,逐步规范交通预算管理制度,将各类交通专项资金纳入预算内管理,不断推进预算精细化管理。实行费税改革,2001 年车辆购置费调整为车辆购置税;2009 年实施了成品油价格和税费改革,通过提高成品油消费税单位税额,取消公路养路费、航道养护费、公路运输管理费、公路客货运附加费、水路运输管理费、水运客货运附加费六项收费。交通专项资金使用实行国库集中支付制度,规范转移支付和资金拨付。不断优化中央资金支出用途和结构,逐步从经营性领域退出,实行向公益性领域、落后地区倾斜,制定了产业引导性扶持补助政策。

健全安全应急管理体系。总结“11·24”海难[1]、汶川地震、冰冻雨雪灾害中安全应急的经验教训,全面加强交通安全应急体系建设,提高应对突发事件的快速反应和抢险救助能力。完善水上安全管理架构和责任制度,初步建成了覆盖广泛、反应迅速、救助高效的安全监管和立体救助体系。加强了道路抢通保通和应急保障能力建设,建立了全国路网运行监测与预警机制,推进高速公路和重要运输枢纽空中应急救援建设。明确了交通运输安全生产和监管责任主体,初步形成了国家、部省、市、县四级交通运输应急预案体系。大力加强应急装备设施和队伍建设,规模和技术水平明显提高,结构明显改善,交通运输应急能力明显提升。

规范收费公路运营管理。按照“调整结构、控制规模、撤并站点、合理收费、政府主导、严格监管”的思路,有序推进取消政府还贷二级公路收费工作。到2012年底,全国共21个省区市取消了政府还贷二级公路收费,撤销收费站2383个,减少收费公路12.4万公里。开展了收费公路专项清理工作,对现有收费公路进行了全面规范,取缔超期及不合理收费。加强了对通行费收支及价格的监管,规范了收费行为和资金使用,提高了透

---

[1] 1999年11月24日,从烟台开往大连的客滚船“大舜号”在烟台附近失事,船上304名乘客,282人遇难。

明度。

(二)解决瓶颈制约的政策创新

科学规划,引领发展。交通运输行业始终把制定和完善发展规划放在突出位置。1981 年颁布了国家干线公路网试行方案,1990 年制定了公路主骨架、水运主通道、港口主枢纽和支持保障系统(即“三主一支持”)规划。1998 年提出实现交通现代化的三阶段发展目标。进入新世纪,先后制定了《国家高速公路网规划》、《农村公路建设规划》、《全国沿海港口布局规划》、《全国内河航道与港口布局规划》、《国家水上安全监管和救助系统布局规划》、《国家公路网规划(2013 年—2030 年)》,形成了较为完整的交通长远发展规划体系,有效地指导了全国交通运输的快速发展。

多方筹集资金,促进交通建设。为解决公路建设资金不足问题,1984 年出台了“贷款修路,收费还贷”政策,吸引了大量金融机构贷款,奠定了公路融资政策基石。港口实行积极的投资开放政策,充分利用市场机制引进各类投资。鼓励和引导民资、外资参与公路、水路基础设施投资建设和经营。地方政府利用收费公路政策和统借统还政策,依托养路费、航养费等专项资金,搭建了融资平台,为公路、水路交通基础设施进行债务性融资,缓解了地方财政压力。一些地方还积极利用土地、矿产、水电等资源,通过以地资路资航、以矿资路、以电促航[1]等形式，支持交通建设。

着力科技创新，支撑交通发展。交通科技工作紧密结合基础设施建设与运营、运输生产中的关键问题，开发应用了一批先进适用的成套技术和装备，显著提升了行业技术水平。在沙漠等特殊地质的公路建设技术、特大跨径的桥梁建设技术、特长大隧道的建设技术、外海深水建港技术、巨型河口航道整治技术、集装箱运输成套技术、300 米饱和潜水等方面取得了重大突破和创新，达到了世界先进水平。大力推进交通信息化建设，不断完善交通运输行政管理和服务系统、公众出行信息服务系统、运输监管和应急保障系统，提升了管理效率和运输服务水平。加强了综合运输和现代物流组织方式以及运输技术的研发与应用，提升了运输效能。重视安全和节能减排、环境保护领域技术开发，启动了一批试点示范工程，提升了交通安全水平，降低了运输能耗强度、污染物及二氧化碳排放水平。坚持政府引导和市场主导，坚持自主创新，初步建立了交通行业科技创新和进步机制，加强了科技人才队伍建设，提高了科技成果转化率和科技进步贡献率。

完善法律法规，提供法制保障。交通运输行业始终把法制建设摆在重要的地位，坚持改革、发展与法制建设同步进行，高度重视各项交通工作的法制化，形成了

---

[1] 将土地、矿产、发电收益支持交通运输发展。

立法与执法并重、执法与执法监督并举，依法治交的良好局面。《海上交通安全法》、《公路法》、《海商法》、《港口法》和《国内水路运输管理条例》、《道路运输条例》、《国际海运条例》、《港口经营管理规定》等一批交通法律、行政法规、规章相继出台，截至2012年6月，形成有效交通法律4部，行政法规27件，规章220多件，初步搭建了交通运输行业的法规体系框架。

三、支撑经济贸易发展

(一)交通投资与经济增长

公路、水路交通基础设施建设需要巨大的投资,在中国经济从贫困落后向全面建成小康社会发展的进程中,交通投资对国民经济增长起到了重要的直接拉动作用。1998 年为应对东南亚金融危机,国务院作出加快基础设施建设,扩大内需的重大决策,当年公路建设实际完成投资较上年增长了 73%,经济增速回落趋势得到根本扭转,交通投资发挥了重要作用。1978 年到 2012 年底,全国公路水路基础设施建设累计完成投资 11.4 万亿元,公路建设投资占 GDP 的比重连续 14 年超过 2.0%。交通建设投资具有乘数效应,对国民经济发展具有间接拉动作用。公路、港口、航道等交通基础设施的建成运营,不仅改善了交通运输条件,而且对提升所在区域的区位优势、土地价值以及带动相关产业的发展都具有积极的促进作用,有利于扩大和拉动长期消费需求。

（二）航运发展与对外贸易

自中国沿海14个港口城市实行对外开放以来，港口和航运为外向型经济起飞和发展提供了重要保障。目前，中国与世界主要海运国家和地区签订了海运协定，国际运输航线和集装箱班轮航线多达数千条，往来100多个国家、地区和1000多个港口，航运拓展了对外贸易的广度和深度。特别是中国加入世贸组织后，对外贸易实现了快速发展，海运已成为中国深度融入全球化和加快外向型经济发展的重要支撑，承担了90%以上的外贸货物运输量以及97%的进口铁矿石、93%的原油、87%的进口煤炭和93%的进口粮食的运输任务。沿海地区依托港口优势，建设了一批保税港区、港口物流园区、出口加工区、临港工业区等，有效承接全球产业转移，成为中国经济社会发展最快、现代化程度最高的地区。上海、大连、天津、厦门等国际航运中心建设稳步推进，船舶代理、理货、船舶交易、修理、航运保险金融等航运服务业快速发展，促进了沿海地区产业升级和外贸服务升级。中国政府积极推动航运国际和区域合作，中老缅泰共同努力实施澜沧江—湄公河国际航运开发，与东盟签署了《中国—东盟海运协定》，密切和加深了同东南亚地区的经贸往来；倡议成立了APEC港口服务网络，加强了港口和相关产业、服务业的经济合作、交流往来，推动了投资和贸易的自由与便利化。

(三)公路口岸与周边国家经贸

口岸公路和国际道路运输是与周边国家经贸往来的纽带和载体,中国政府一贯重视口岸交通基础设施建设,积极推进与周边国家公路交通的互联互通。目前已建成约 5000 公里的口岸公路,基本达到三级及以上标准,丹东、绥芬河、二连浩特等 14 个内陆口岸城市已联通高速公路,在绥芬河、满洲里、瑞丽等 8 个国家公路运输枢纽城市口岸所在地建成了一批具有国际物流功能的物流园区和货运场站。以与周边国家互联互通为目标,积极开展与东盟、中亚、南亚和东北亚国家双边和多边交通合作,大力推进欧亚大陆桥、中吉乌公路、昆曼公路、中缅运输通道、中巴喀拉昆仑公路等国际通道建设。同时,全面推动与周边国家间的交通运输便利化合作,先后建立了国家便利运输委员会、中国—东盟交通部长会议、上海合作组织交通部长会议等多个交通合作机制,并与俄罗斯、蒙古、哈萨克斯坦、越南、朝鲜、韩国等 14 个国家签署了 12 个双边和 3 个多边政府间汽车运输协定。口岸基础设施与国际运输条件的改善,提升了口岸通关能力与效率,改善了双边连通性,增进了双边人员和物资的交流,促进了与周边国家的经贸发展。2012 年国际道路运输完成客运量 854 万人次,货运量 3372 万吨,出入境车辆 204 万辆次。

（四）交通运输与吸引投资

公路水路交通事业的不断发展，有力支撑了国家对外开放战略的实施。目前，中国的公路网通达广大城乡，每天有 8740 万吨货物通过公路运往工厂和商铺，有 40 万吨货物通过陆路口岸进出边境；中国拥有设备先进的深水集装箱码头，通航条件优良的内河航道，每天有 2950 万吨货物在各个港口装卸，有 52 万个集装箱通过远洋运往世界各地；中国公路水路交通运输发展水平明显领先于发展中国家整体水平。公路水路交通运输条件的改善和服务能力的增强提升了中国国家竞争力，改善了中国投资环境，促进了全国市场的统一，为加快对外开放、吸引外资、融入全球市场奠定了良好基础。三十多年来，中国资源要素的国际比较优势充分体现，对外贸易迅猛发展，货物进出口总额从 1978 年的 206 亿美元大幅增长至 2012 年 38668 亿美元，成为世界第二贸易大国。与此同时，大量外资企业相继进入中国投资建厂，外商直接投资项目从 1985 年的 3073 项增长至 2012 年的 27712 项，同期外商直接投资从 66.3 亿美元增长至 1160.1 亿美元。

（五）交通运输与产业发展

公路水路交通基础设施是国家经济“起飞”的必要条件，对促进社会分工，实现产业结构调整起着关键作用。公路水路交通运输发展对向前波及的机械制造、钢铁建材、冶金、采矿等行业以及向后波及的物流、汽车、造船、旅游、房地产等相关产业发展，都有直接带动作用。伴随公路水路交通运输事业的发展，中国第一、二、三产业结构从 1978 年的 28.2∶47.9∶23.9 调整为 2012 年的 10.0∶45.3∶44.6。公路快速发展极大促进了汽车工业的发展，极大提高了中国社会的机动化程度，1978 年全国民用汽车保有量仅为 136 万辆，到 2012 年底已达 1.2 亿辆，汽车维修等辅助服务业也迅速发展起来。公路水路交通运输条件的改善，为现代物流发展提供了基础条件，创造了巨大的经济效益和社会价值。作为现代经济发展催化剂的高等级公路、沿海港口和黄金水道的大力度建设，有力促进了产业集聚和产业布局调整，涌现了一批沿海、沿江、沿路产业带，增强了区域经济的联系，加快了经济一体化进程。

（六）交通运输与区域开发

公路、水路交通发展打通了发达地区、中等发达地区、欠发达地区之间的联系通道，有效改善了内陆地区的投资和发展环境，促进了内陆地区自然资源和劳动力资源优势的发挥，优化了国土开发格局，为内陆地区融入一体化的生产分工体系提供了便利，促进了区域协调发展。自 20 世纪 90 年代后期以来，为贯彻落实国家一系列重要区域发展战略，交通运输部门陆续制定了加快西部地区、中部地区、长江三角洲地区、泛珠江三角洲区域、环渤海地区、东北老工业基地、海峡西岸等一系列区域交通发展规划，以及制定了向中、西部地区倾斜的投资补助政策。区域交通规划实施以来，中西部地区交通固定资产投资占全国的比重不断提高，2012 年比 2000 年上升了 12.8%，中西部地区交通基础设施条件明显改善，2012 年公路总里程占全国的比重比 2000 年上升了 1.9%，与东部地区的交通发展差距不断缩小。

（七）交通运输与“三农”发展

要致富，先修路。农村公路是保障农村地区经济发展最重要的基础设施之一，是解决“三农”问题的“先行军”，是建设社会主义新农村的重要支撑，是广大农民群众生产生活实现小康的重要保障。中国政府一贯重视并致力于推进农村交通运输条件的改善，2000 年以来相继出台和发布了《农村公路建设指导意见》、《农村公路建设规划》、《农村公路建设管理办法》、《农村公路管理养护体制改革方案》、《农村公路养护管理暂行办法》等一系列文件，不断加大资金支持力度，先后实施了西部通县油路建设、县际公路改造、通达通畅工程、革命圣地公路、商品粮基地公路、农村公路渡口改造、红色旅游公路、农村公路危桥改造和安保工程建设、农村客运站建设等与农村交通相关的专项建设计划，实现了中国农村交通运输条件翻天覆地的变化。到 2012 年底，不通公路的乡镇由 1978 年的 5018 个减少为 12 个,不通公路的建制村由 1978 年的 213138 个减少到 2869 个,大部分建制村通了油路。农村交通发展直接惠及了广大农民群众,农民出行更为便利,农业生产资料和农副产品运输保障能力提高,对繁荣农村经济、优化农业结构、增加农民收入、缩小城乡差距做出了重大贡献。

四、改善城乡人民生活

（一）交通运输与百姓出行

四通八达的干线公路网络实现了重要城镇节点间的互联互通，连通了所有大中城市和重要县乡，缩短了时空距离。到 2012 年底，全国干线公路总里程达到 49 万公里，平均车速显著提高，出行难、晴通雨阻的状况得到根本性改观，百姓中长距离出行更加便捷。快速发展的农村公路让广大农民兄弟走上了致富路、幸福路，目前中国几乎所有的行政村都通了公路，98% 的乡镇和 92% 的建制村通了客运班车，有的甚至开通了农村公交，全国所有城市以及发达地区的乡镇都有出租汽车运营，汽车租赁从无到有并且快速发展，城乡出行越来越方便。为进一步提升运输服务品质和水平，近年来交通运输行业积极拓展服务功能，不断健全路况信息采集、发布体系和公路气象预报预警系统，开通高速公路交通广播，推进“公交都市”和城市公共交通智能化应用示范工程，大力推广高速公路联网电子不停车收费系统

(ETC),精心组织和周密实施重大节假日小型客车免费通行政策,积极发展综合客运枢纽,让人民群众出行更便捷。

(二)交通运输与城市群发展

2000 年以来,中国政府批复了一系列城市群(都市圈)发展规划,交通运输是规划的重点内容之一,交通运输行业组织编制了长三角、珠三角、长株潭、深莞惠地区等交通运输发展规划,推动交通运输一体化发展。随着交通基础设施一体化和网络化加快推进,各城市群已基本建成四通八达的城际干线公路网,运输容量大幅提高,促进了城市之间的分工合作和经济融合,增进了城市间往来,缩短了时空距离,有力地推动了城市群(都市圈)的形成和发展。城以港兴,沿海、沿江通道港口群快速发展,产业集聚效应明显,促进了港口间竞争合作和城市群发展。依托城际高速公路网开通的城际高速直达客运班线实现了城市之间的快速便捷沟通,珠江三角洲、长株潭等城市群开通了城际客运班线公交化运营和城际公交等,大大方便了公众出行,促进了同城化发展。

(三)交通运输与城乡一体化

为推进城乡一体化发展,交通运输部门一方面加强了城乡交通基础设施网络的对接,另一方面努力推动城乡运输服务的一体化和交通基本公共服务均等化。经过多年的建设,“让农民兄弟走上油路和水泥路”的战略目标已初步实现,日益加密的高速公路和普通干线公路网也使城乡基础设施得到更好的衔接。在公路网基础覆盖面加强和通达深度加深的基础上,交通运输部门还加大了对农村客运和农村物流的投入,把农村客运网络化作为推进交通运输城乡一体化的重要措施,不断延长农村客运班线,增加农村客车数量,大幅提高乡镇、村通班车率,使城乡间运输越来越方便快捷。到 2012 年底,全国农村客运线路达到 9.34 万条,车辆达 36.1 万辆,日均发车 118 万班次。近年来,交通运输部门还从加快立法进程、完善标准体系、加大政策支持等多方面,积极推进城乡客运一体化发展进程,2011 年制定了《关于积极推进城乡道路客运一体化发展的意见》。城乡交通一体化发展让城市和周边农村地区的人员和物资交往更频繁,更方便,让城市和农村的经济与生活融合更紧密,并促进了城镇化发展。

(四)交通运输与城市发展

城市公共交通具有集约高效、节能环保等优点,优先发展公共交通是缓解城市交通拥堵、提高政府基本公共服务水平的必然要求。2012 年,国务院出台了《关于城市优先发展公共交通的指导意见》,将城市公共交通优先发展上升为国家战略,城市公共交通发展政策环境显著改善。在各级政府推动下，近年来，各地城市公共交通快速发展，运营线路长度、公交场站面积显著增加，技术装备水平不断提高。到2012年底，全国公共汽电车运营线路达3.8万条，运营线路总长度达71.5万公里，公共汽电车场站面积达5668万平方米，公共汽电车运营车辆达47.5万辆，其中空调公交车辆和安装车载卫星定位终端的车辆占总运营车辆的比重分别为46.9%和60.1%，大容量、新能源公交车辆得到推广应用；全国有15个城市开通了轨道交通，轨道交通运营线路69条，总长2058公里，拥有轨道交通车站1375个，其中换乘站116个；城市客运轮渡在用码头268个，运营航线222条，总长846公里。城市公交制度化、规范化管理工作稳步推进，城市公交特许经营制度和服务质量招投标制度逐步开始建立，经营主体结构进一步调整，全国所有省份以及绝大多数地市级城市基本建成了城乡客运一体化管理体制。目前，全国多层次、一体化的公共交通服务体系基本形成，城市公交服务覆盖面不断扩大，公交出行分担率稳步提升。2012年全年城市客运系统运送旅客1228.44亿人，其中公共汽电车、轨道交通、出租汽车、客运轮渡分别完成749.8亿人、87.29亿人、390.03亿人、1.31亿人。

（五）交通运输与就业

交通运输业是国民经济中重要的基础产业和服务

产业，是吸收和创造就业大户。交通运输业对就业的贡献主要表现在两个方面：一是直接从业人员，包括交通建设施工、运输生产、生产辅助、交通管理和评估咨询等领域从业人员；二是从事与交通运输行业相关的间接从业人员，如汽车制造与销售维修、船舶制造维修、建材、交通金融保险、旅游、餐饮、林业绿化等。据测算，每1亿元公路投资可直接产生1800个就业岗位，间接产生2200个就业岗位，在1998年到2000年的三年间，仅高速公路建设就增加346万个就业岗位。三十年来公路建设创造的直接就业机会达8800万个，平均每月吸纳劳动力200多万人。2007年，长江干线航运直接吸纳200多万人就业，带动间接就业超过900万人。目前，全国公路、水路交通运输业直接从业人员超过了4000万人。

（六）交通运输与旅游

交通运输是旅游业发展的基础支撑。公路水路交通发展改善了出行和旅游条件，提高了交通的可达性和便利性，促进了旅游资源开发，缩短了时空距离，诱发了旅游出行需求，带动了餐饮、住宿、商贸等产业发展，促进了旅游线路市场形成。同时，一些旅游景区（点）内索道、电瓶车、电动大巴等多种形式交通工具的应用，丰富了旅游模式。交通运输部门一直重视推动交通运输与旅游业的融合发展，规划了一批旅游观光交通路线，兴建了一批景观公路、航道和文化公路、航道,改善了通向旅游景区的交通设施条件。实施了红色旅游公路专项建设,红色旅游景区公路服务水平明显提升,支持了红色旅游发展。2010 年交通运输部与海南省政府签署了《加快推进海南国际旅游岛交通运输发展会谈纪要》,明确部省共建一批设施齐全、功能完善、符合国际服务标准的旅游公路,建成特色突出的环岛滨海景观公路。随着小汽车越来越多地进入普通家庭,便捷的公路交通条件对自驾车旅游市场的开拓起到了促进作用,以黄金周自驾游为代表的个性化出行总量明显提高,2012 年重大节假日免收小型客车通行费政策实施后,节假日自驾游出行量明显增加。河流梯级开发和航运条件的改善为绿色生态的水上旅游开发创造了条件,以库区旅游为代表的旅游航运逐步兴起,邮轮、游艇旅游有了较大的市场空间。

五、提供安全和社会保障

（一）交通运输与扶贫开发

交通运输是贫困地区脱贫致富的基础性设施和先导性条件。中国政府始终将支持贫困地区交通发展作为扶贫开发工作的重要内容。“八五”以来，有计划、有步骤地开展了陆岛交通基础设施建设，改善岛屿居民对外交通，发展岛屿经济，基本解决了沿海地区有人居住岛屿的交通问题。2000 年以后，中国政府加大了对贫困地区、革命老区、民族地区和边境地区交通建设的支持力度，着力解决群众“行路难”问题。结合新农村建设和国家扶贫开发工作，积极推进一批农村渡口改造达标工程、库区水运及城乡便民停靠点工程建设，提高了山区、库区、湖区水运基础设施的服务能力与水平，让农民赶集、学生上学乘上“放心渡”。通过定点帮扶贫困地区、选派优秀管理干部和专业技术人才挂职等多种方式，从资金、技术、人才等方面开展扶贫工作。为更全面系统地开展交通扶贫工作，交通运输部编制了《集中连片特困地区交通建设扶贫规划纲要(2011—2020年)》,提出了交通扶贫开发的总体目标和重点任务,为贫困地区与全国同步进入全面小康社会提供有力的交通运输保障。

(二)交通运输与安全管理

三十多年来,交通运输行业顺应人民群众安全便捷出行的需求,一直致力于改善人民群众的安全出行条件。交通基础设施安全方面,开展了干线公路灾害防治、危桥改造、安保工程等行动;以“平安交通”创建为主线,强化“四区一线”水域(指渤海湾水域、舟山群岛海域、琼州海峡水域和西南山区的内河水域以及长江干线水域)、“四客一危”船舶(指客船、客滚船、客渡船、高速客船和危险品船舶)和“两客一危”车辆的安全监管;以公路桥梁、公路长途客运、水路客运、危险化学品运输、城市轨道交通、重大工程施工现场为重点,强化隐患排查治理,取得了显著成效。运输服务安全方面,深化“打非治违”专项行动,规范运输市场秩序,落实责任、完善措施,有效防范了重特大事故的发生;通过科技创新和信息资源整合,完善公路、水路公众出行信息服务系统,及时发布公路水路气象预警和干线公路交通阻断信息,提高了交通运输管理效能和安全水平;不断完善道路运输和水上运输安全法规和制度,改进执法手段,创新管理方式;完善了客运船舶检验标准,提高渡运船舶安全技术水平，重视驾驶员、渡工、船员等一线从业人员的安全教育培训。经过多年努力，公路、水路交通安全形势大幅改善，2012 年水上安全事故数、死亡人数、沉船数量较 1978 年下降了 95%、77%、90%，道路运输每百公里客货运量的事故数和死亡人数也大幅下降。

(三) 交通运输与国防建设

交通运输是保障国防安全的生命线。按照“平战结合、军民融合”的理念，坚持交通运输设施与军运设施同步规划、同步建设，不断提高战略通道保障能力、战略投送保障能力和交通抢运抢修能力，为实施多样化军事运输保障、提高军队整体的机动性奠定了坚实基础。目前，中国已基本构筑起了连接战略腹地与前沿、辐射国土全疆域的国防公路水路交通网络，完善了联系周边国家的国际公路通道布局，加强了沟通各大战区、主要战略方向与战略后方的战略通道和战役道路建设；针对部队战备、执勤、生活急需，解决了一批基层部队及重要设施进出道路“通行难”问题。同时，通过组建专业保障队伍、编制修订交通重点目标保障方案和部队战备输送保障方案等措施，不断增强国防交通应急综合保障能力。

(四) 交通运输与应急抢险救助

交通运输是国家应急管理体系的重要组成部分，在有效应对自然灾害、事故灾难、公共卫生、社会安全等突发公共事件的应急抢险、处置救援中发挥重要作用。公路方面,成功应对和处置了雨雪冰冻、地震、水灾、台风等自然灾害。2008 年汶川特大地震灾害、2010 年玉树特大地震灾害、舟曲特大山洪泥石流灾害发生后,迅速启动国家公路交通突发事件应急一级预案,第一时间抢通救灾“生命线”,协调运力配置,为人员救援和物资运输等抗灾救灾工作提供了交通保障。水路方面,近十年来,交通运输部门平均组织和协调搜救行动 4.77 次/天,救助遇险船舶 3.54 艘/天,救助遇险人员 49.99 人/天,救助成功率平均达 96.0%。圆满完成了神舟系列飞船和载人航天工程、渤海冰情、电煤运输等重大事件的安全保障任务,成功完成了“辽海”轮救助、南海大救援、珠江口清污、大连港“7.16”溢油清除、“奋威”轮打捞等应急处置任务,保持了水上交通安全形势的持续好转,保护了人民生命和财产安全,避免了重大水上环境污染的发生。

(五)交通运输与重大活动、节假日运输保障

社会重大活动与节假日的运输保障,对预防突发事件发生、维护社会安定起着关键作用。近年来,交通运输部门开展了 2008 年奥运会、残奥会运输保障工作,完成了奥运期间进京货车绕行路线方案、112 国道改造工程、省际客运进京班车尾气改造治理、奥运应急运力保

障组织、火炬国内传递公路转场和保障工作、奥帆赛青岛赛区海域安全保障和浒苔清除工作,落实奥运交通专项补助资金,严格落实工作责任制,有效保障了奥运会、残奥会交通运输安全顺畅优质运行。组织2010年上海世博会道路运输安全保障工作,制定了《上海世博会公路交通和道路运输安全保障工作方案》和《上海世博会水路交通安全保障方案》,对上海及周边省份的危险品运输和客货运输情况进行了摸底调查,对进入上海的危险品运输车辆、船舶实行联网联控。圆满完成国庆60周年庆祝活动、广州亚运会、亚残运会等重大活动的运输和安全保障任务。根据《全国年节及纪念日放假办法》实施后出现的新情况,认真研究和组织协调春运、黄金周和其他节假日的旅客运输工作。在2012年国庆长假首次实施重大节假日免收小型客车通行费政策期间,保障全国公路水路运输平稳有序开展,共安全运送旅客6.6亿人次。

(六)交通运输与重点物资运输保障

重点物资运输主要包括煤炭、原油等基本生产生活原材料和鲜活农产品的运输。保障重点物资运输对满足人民群众基本生活需要,维护社会经济稳定运行发挥着至关重要的作用。“十五”以来,中国政府不断完善公路水路运输应急反应机制,加强各级政府部门与大中型运输企业的沟通和协调,采取有效措施,有力地保障了迎峰度夏和特殊时期的煤炭、原油、粮食等重点物资运输。先后开辟了煤炭公水联运和煤炭公路运输等通道,实施铁水、公水煤炭联运;合理组织协调运力,提高港口煤、油等原材料的集疏运效率;推进进口能源、重要原材料运输国轮船队建设。2012 年,沿海规模以上港口外贸进口原油、铁矿石分别达到 2.5 亿吨、7.4 亿吨,保障了石化、钢铁等重要基础工业的稳定发展;北方港口煤炭装船量 5.9 亿吨,承担了华东、华南沿海地区 65%左右的煤炭调入运输。内河干线和沿海水运在"北煤南运"、"北粮南运"、油矿中转等大宗货物运输中发挥了主通道作用。建立了覆盖全国所有收费公路的鲜活农产品运输"绿色通道"网络,对包括台湾水果在内的整车合法装载鲜活农产品车辆实行优先便捷通行并免缴通行费的优惠政策,为鲜活农产品运输提供了有力的保障。

六、促进生态文明建设

（一）交通建设与环境保护

根据建设“资源节约型、环境友好型”交通运输行业要求，交通运输行业把生态文明建设放在重要地位，将生态保护理念贯穿到交通基础设施建设全过程。2012 年交通运输部与环境保护部联合发布《关于进一步加强公路水路交通运输规划环境影响评价工作的通知》，进一步强化了行业规划与项目环评的联动机制。到 2012 年底，全国已完成数以千计沿海及内河港口、航道、公路网和公路运输枢纽的规划环评，交通运输建设项目环评执行率达到 100%。在交通基础设施选址过程中，最大限度地避开了自然保护区、饮用水源保护区、风景名胜区、地质公园、居民集中居住区等环境敏感目标；交通基础设施建设和运营过程中，积极采取环境保护和生态修复措施。全国相继建成了川九路、神宜路、渝湛高速、思小高速等生态景观示范工程，沿海沿江地区大力推进资源节约和环境友好型港口建设，长江三角洲生态航道建设全面实施。行业治污设施建设取得重大进展，公路水路基础设施建设中严格执行了环保“三同时”制度，配套建设了水污染处理设施、锅炉除尘除硫设施、声屏障、隔声窗、防护林带及固体废物接收处置设置等治污设施。

（二）交通运输与环境保护

交通运输环境监测体系已初步建立。2008 年交通运输部颁布实施了《公路水路环境监测管理办法》，目前全国已建成 25 个行业环境监测站，实时监测沿海、内河部分主要港口及国家高速公路重点路段的环保状况。交通运输污染治理设施运行取得实效，全国主要港口及高速公路污水、锅炉烟气和作业粉尘等均得到有效控制，沿海主要港口基本实现对船舶污染物的全部接收，渤海、长江口等特殊水域全面实现了油污水零排放，行业水、气污染物排放总量多年维持在较低水平。交通运输污染防范体系逐步完善，编制了公路运营管理环节的环境污染应急预案，各地多次开展了公路运输环境污染应急演练，危险化学品运输车辆基本都安装了自动行车记录仪。2010 年、2011 年交通运输部分别发布《关于加强水上污染应急工作的指导意见》和《船舶污染海洋环境应急防备和应急处置管理规定》，在水路运输污染应急预案、应急能力规划、应急监视监测、应急队伍建设和应急处置措施等方面均开展了卓有成效的工作，水上溢油、污染物泄漏等环境风险的应急处置能力得到大幅提升。

(三)交通发展与土地、岸线资源节约利用

交通发展需要占用土地、岸线资源。长期以来,中国在交通发展中坚持科学规划、精心设计、规范施工、严格管理,通过高效利用通道资源、合理配置路网布局、优化工程设计方案、强化工程实施监督等举措,努力践行节约用地、保护耕地的理念。同时,积极采取改地、造地、复垦等综合措施进行土地恢复和占用补偿。2007年,全国开展了公路建设节约用地专项行动,2011年修订颁发了《公路工程项目建设用地指标》,以更加制度化、规范化的措施保障了公路建设对土地的节约集约利用。中国港口岸线资源总量不足,通过积极推进资源节约型港口建设,将有效保护和合理利用岸线资源作为港口发展的主要规划目标,加强大型化专业化码头建设,实施老港区功能调整和码头技术改造,加大港口资源整合力度,大力发展社会公用码头,稳步提升港口岸线资源利用效率。2012年,沿海港口每延米码头岸线完成货物吞吐量达1.03万吨,是2000年的2.6倍。天津、青岛、日照等主要港口每延米码头岸线完成吞吐量均高于世界发达国家港口相应水平。

(四)绿色的内河水运发展

内河水运具有运能大、占地少、能耗低、污染小等优

势，是一种环境友好型的绿色运输方式。自“九五”期开始，国家加大财政资金对内河水运发展的投入，内河货运量和货物周转量年均增速为7.0%和9.7%，为能源、原材料等大宗货物运输提供了基础保障。近十年来，交通运输行业先后实施了京杭运河船型标准化示范工程、川江及三峡库区船型标准化工程、长江干线船型标准化工程，取得了显著的成效。京杭运河水泥质船和挂桨机船全部淘汰，新建船舶平均吨位提高了75%，内河船舶造成的水体、噪音污染明显降低，运输效益显著提高。三峡船闸过闸船舶平均吨位达3400吨，其中2000吨级以上船舶占过闸船舶的比例达71%。在京杭运河、湖嘉申线等一批内河航道建设示范工程建设中，引入了生态设计的理念，在满足安全和需要的前提下减少土地征用，将开挖土方用于公路、机场建设和农田复垦。在航电枢纽示范工程建设中，采用筑堤、抬田、抽排、撇洪、鱼道、增殖放流等综合措施，保护了库区原有农田和生态。2011年国务院发布《关于加快长江等内河水运发展的意见》后，内河水运发展上升为国家战略，内河水运建设全面提速。

（五）废弃资源循环利用

交通的再生资源利用主要有基础设施建设中路面材料、施工废料、弃渣、航道和港口疏浚土等资源的再生和综合利用，以及港口、公路等的生产、生活污水循环利用等。2012 年交通运输部印发《关于加快推进公路路面材料循环利用工作的指导意见》，提出到 2015 年全国基本实现公路路面旧料“零废弃”，路面旧料回收率超过 95%，循环利用率要超过 50%。在公路建设和养护中，综合应用橡胶粉沥青、沥青冷热再生、建筑垃圾再生利用等技术的项目日趋增多，各地“绿色公路”或“生态公路”项目不断涌现，一些地方发布了绿色公路的地方性标准。服务区采用生物膜、生物滤床等技术的生态式污水处理技术日趋成熟，江西、山西、湖北、青海等省已在部分高速公路服务区建设了生活污水再生利用系统。疏浚土综合利用被列为“十二五”科技成果推广应用重点项目，在长江口深水航道的治理工程、港口工程建设中加以应用。很多港口已经采用了水资源循环利用技术，包括港区清洗、洒水除尘、车辆冲刷、绿地浇灌等方面的中水循环利用。此外，采用汽修废弃物及废水回用技术的“绿色汽修”也快速发展起来。

（六）交通运输与节能减排

中国交通运输能耗量约占全国总能耗 8%，其中油品消耗量约占全国的三分之一。为推进交通运输节能减排，交通运输部相继发布了《公路水路交通运输节能减排“十二五”规划》、《建设低碳交通运输体系指导意见》、《交通运输行业“十二五”控制温室气体排放工作方案》、《交通运输行业应对气候变化行动方案》等一系列文件，提出了降低行业能耗强度和碳排放强度的明确目标，并开展了大量工作。一是积极推广节能型运输装备。促进运输装备大型化发展，鼓励节能新技术应用，实施营运车辆燃料消耗量准入制度，加快淘汰高能耗、高排放的老旧车船。到 2012 年底，累计发布燃油消耗量达标车型近 2 万个，减少燃油消耗 340 万吨，减少二氧化碳排放 1100 多万吨。二是推进清洁能源应用。很多地方的城市公交、出租汽车和客货运输企业已经批量使用天然气车辆，通过"十城千辆"推广工程在 25 个城市的公交、出租、公务等领域开展了电动汽车的示范运行。部分天然气动力船舶已经投入运营。三是引导公众选择低碳出行方式。众多城市相继建设了快速公交系统（BRT）。杭州、武汉等城市已经具备较大规模的公共自行车系统，多个城市的地方政府均开展了"无车日"、"少开一天车"等宣传示范活动。四是开展运输组织节能。深入推进公路甩挂运输发展，优化煤炭、矿石、集装箱等运输系统组织，推广内河分节驳顶推船队，有力推动了运输业转型升级、绿色低碳发展。推动出租汽车服务管理信息系统试点工程，分两批确定了 30 个城市开展试点工程建设。

结 束 语

在各级政府和社会各界的支持下,经过三十多年的发展,中国公路水路交通运输发展取得了长足的进步,但发展基础仍有待夯实,交通运输总量不足、结构不优、效率不高、实力不强的问题依然突出,与经济社会发展的更高要求和人民群众的期待仍有较大差距。

当前和今后一个时期,国际产业分工、生产要素在全球范围重新配置加速,重要资源争夺愈加激烈,国际金融新秩序尚待构建,世界政治经济格局将发生深刻变化,中国作为负责任的大国应该发挥更大影响力。中国工业化和新型城镇化进程、经济结构调整和产业升级加快,未来将着力转变经济发展方式,深入推进各项改革,加快经济、政治、文化、社会、生态文明“五位一体”建设,中国公路水路交通运输事业建设与发展的任务仍十分艰巨。

中国政府提出公路、水路交通运输发展的目标是:到 2020 年,交通基础设施网络更加完善,运输装备水平进一步提高,运输管理和服务能力显著增强,中西部地区交通发展水平明显提升,农村地区基本出行条件与东部地区差距明显缩小,全面实现集中连片特困地区交通建设扶贫规划目标,基本建成基础设施能力充分、运输服务优质高效、科技信息化先进适用、资源环境集约绿色、安全保障可靠有力、行业管理法制文明的综合交通运输体系。

未来公路、水路交通运输发展重点任务有五大方面:一是促进交通运输结构调整。加快推进综合运输体系建设;坚持稳中求进,促进公路结构优化;加大交通扶贫力度,促进区域交通结构优化。二是提高运输服务水平。坚持以人为本,不断提升客运服务水平;着力推进物流业健康发展,不断提升货运服务水平;切实加强行业管理,不断提升公共服务水平。三是促进科技进步和信息化建设。积极推动科技创新,加强科技成果推广应用;加强信息化建设,促进行业信息化联动发展。四是构建绿色循环低碳交通运输体系。加强环境保护,节约集约利用资源,强化节能减排。五是全面提升交通运输行业安全水平。加强安全生产管理体系建设、交通安全应急能力建设、危桥改造工程和安保工程建设。

为此,中国将加快转变交通运输发展方式,努力转变政府职能,加强公共服务,强化市场监管,公路交通以“完善网络,做强运输、重视民生、提升服务”为突破口,水路交通以“兴内河、优港口、强海运”为着力点,加快完善交通基础设施网络，推进运输装备优化升级，提高运输组织效率，实现交通运输由传统产业向现代服务业转型，促进交通运输安全高效绿色协调发展，为全面建成小康社会、加快基本实现现代化提供有力支撑。

图书在版编目（CIP）数据

中国公路水路交通运输发展报告：1978～2012／《中国公路水路交通运输发展报告：1978～2012》编写组编．—北京：人民交通出版社，2013.10

ISBN 978-7-114-10940-9

Ⅰ.①中…　Ⅱ.①中…　Ⅲ.①公路运输－交通运输发展－研究报告－中国－1978～2012②水路运输－交通运输发展－研究报告－中国－1978～2012　Ⅳ.①F542.3②F552.3

中国版本图书馆CIP数据核字(2013)第244131号

Zhongguo Gonglu Shuilu Jiaotong Yunshu Fazhan Baogao

书　　名：中国公路水路交通运输发展报告(1978—2012)
著 作 者：中华人民共和国交通运输部新闻办公室
出版发行：人民交通出版社
地　　址：(100011)北京市朝阳区安定门外外馆斜街3号
网　　址：http://www.ccpress.com.cn
销售电话：(010)59757973
总 经 销：人民交通出版社发行部
经　　销：各地新华书店
印　　刷：北京市密东印刷有限公司
开　　本：880×1230　1/32
印　　张：1.5
字　　数：26千
版　　次：2013年10月　第1版
印　　次：2013年10月　第1次印刷
书　　号：ISBN 978-7-114-10940-9
定　　价：8.00元
(有印刷、装订质量问题的图书由本社负责调换)